L'ABATTOIR

ET LE

MARCHÉ-ENTREPOT

———

EXTRAITS de la *Gazette des Travaux Publics*

19 Janvier — 11 Février 1886

MARSEILLE

TYPOGRAPHIE ET LITHOGRAPHIE BARLATIER-FEISSAT

Rue Venture, 19.

—

1886

L'ABATTOIR

ET LE

MARCHÉ-ENTREPOT

EXTRAITS de la *Gazette des Travaux Publics*

19 Janvier — 11 Février 1886

MARSEILLE

TYPOGRAPHIE ET LITHOGRAPHIE BARLATIER-FEISSAT

Rue Venture, 19.

—

1886

L'ABATTOIR

ET LE

MARCHÉ-ENTREPOT

I

Coup d'œil rétrospectif.

**Pourquoi
le projet Sylvestre
a été repoussé.**

Lorsque cette importante question est venue devant le Conseil municipal en avril dernier, après avoir subi une instruction approfondie au sein d'une commission composée d'hommes dont nul ne saurait contester la compétence et la valeur, nous n'avons pas dissimulé notre désir de la voir aboutir promptement, et nous avons fait les vœux les plus sincères, pour que l'avis de la commission mixte, formulé dans le remarquable rapport de son secrétaire, M. l'ingénieur de Noircarme, reçut au Conseil municipal une consécration définitive.

Au moment où l'affaire paraît devoir enfin faire sa rentrée sur la scène municipale, notre devoir est d'en reprendre l'étude ; ce devoir, avouons-le, nous l'accomplissons en conscience mais sans enthousiasme ni entrain… Nous avons tout lieu de redouter en effet que la solution tant et si longtemps cherchée n'échappe une fois encore aux débiles mains qui gouvernent notre cité. Nous n'en dirons pas moins le fond de notre pensée, et nous nous efforcerons de signaler à ceux de nos édiles qui désirent aboutir, aux ennemis de l'obstruction, les enseignements qu'on doit tirer de la dernière discussion à laquelle les projets d'emplacement des futurs établissements municipaux ont donné lieu.

On se souvient que la commission mixte avait adopté pour cet emplacement, sur la proposition de M. Sylvestre, alors adjoint aux travaux publics, l'anse de la Madrague, que l'on aurait comblée au moyen des déblais provenant de la construction de la ligne projetée de la Joliette à l'Estaque. On obtenait ainsi une surface disponible de 250,000 mètres carrés ; la surface totale nécessaire ayant été estimée par la commission mixte à 400,000 mètres — dont 320,000 mètres pour les parcs de triage, l'entrepôt, le marché et l'abattoir, et 80,000 mètres à réserver aux extensions ultérieures — le projet prévoyait l'acquisition de 80,000 mètres de terre ferme au fond de l'anse et la conquête de 70,000 mètres dans l'anse de la calade, séparée de celle de la Madrague par le Cap Janet.

Après avoir été adopté à une faible majorité par la commission mixte, le projet de M. Sylvestre échoua devant le Conseil municipal. Faut-il attribuer cet échec à un hasard de discussion, à une de ces surprises du scrutin, si communes dans les annales parlementaires, ou bien à des motifs d'un ordre plus sérieux et plus profond ? Voilà ce qu'il importe d'étudier et de résoudre en vue des nouveaux débats que la question dont nous entreprenons l'étude, doit prochainement soulever au sein de notre assemblée communale.

Avantages
du projet Sylvestre.

Le projet d'établir l'abattoir et le marché sur l'anse de la Madrague comblée présentait, au point de vue municipal, de grands et précieux avantages. Il assurait à ces établissements des communications avec la mer que nul autre emplacement ne réalise au même degré, ses accès par terre étaient nombreux et commodes, sa salubrité parfaite, son prix relativement modéré, enfin il écartait l'aléa toujours trop grand des acquisitions de terrain, et les mécomptes auxquels nous ont malheureusement habitués les jurys d'expropriation.

Mais il était entaché d'un vice grave. Rien n'indiquait en effet que cet emplacement serait concédé gratuitement, ou à un titre quelconque, à la ville par l'État. La ville obtenait de l'État la vente en beaux deniers comptants des terrains occupés par son abattoir actuel : était-elle autorisée à présumer que l'Etat serait disposé à lui octroyer en retour la surface nécessaire à ses nouvelles installations.

La discussion, tant à la commission mixte qu'au Conseil municipal a fait surgir, puis prévaloir l'opinion contraire. Dans des débats de cette nature, qui mettent en jeu tant et de si grands intérêts, il ne s'agit pas de se livrer à des conjectures, il faut tabler sur des certitudes. Une pièce essentielle manquait au dossier, c'était une convention préalable avec l'État concédant l'anse de la Madrague à la Ville ; sans ladite pièce, on ne pouvait discuter utilement ; et le fait qu'on ne l'avait pas indique suffisamment l'impossibilité de l'obtenir.

Est-il admissible, en effet, que l'administration municipale ait commis l'imprudence de se présenter devant le Conseil sans s'être pourvue au préalable d'une promesse de cession de l'anse de la Madrague, s'il eût été possible de faire autrement ? — Assurément non !

Elle comptait néanmoins arracher au Conseil un vote favorable, et peser ensuite sur l'administration supérieure et sur les nombreux et divers services intéressés pour en obtenir l'approbation : procédure irrégulière, incertaine, que de plus habiles n'auraient pas mieux réussi à soutenir.

Au surplus, le projet comportait bien d'autres éléments d'incertitude et d'aléa. On comptait sur la Compagnie P.-L.-M. pour la fourniture des déblais et on n'avait passé avec elle aucune convention précise, ni déterminée ; enfin on avait négligé d'obtenir l'adhésion des départements de la guerre et de la marine, nécessaires pour permettre de donner à un point quelconque du littoral une affectation permanente.

Telles sont les considérations qui ont fait échouer et condamner définitivement le projet Sylvestre. L'affaire engagée autrement eût-elle trouvé grâce devant le Conseil municipal ? Nous ne saurions le prétendre ; mais, à coup sûr, il eût mieux valu ne pas livrer bataille que de s'y hasarder si pauvre en munitions et rendre impossible un retour offensif.

Dépense afférente au projet Sylvestre 4.700.000. Prix moyen du mètre carré 11 f. 75

Il nous reste à dire quelques mots de la dépense qu'aurait comporté le projet Sylvestre, moins pour en tirer un argument pour ou contre son adoption que pour nous en servir comme élément de comparaison dans l'étude des projets actuellement soumis à l'examen de la commission spéciale des abattoirs.

D'après les estimations adoptées par la commission mixte, le prix du mètre carré de surface conquise (en réservant aux quais une largeur de cent mètres) doit être fixé à 10 fr. par mètre carré, soit pour 320.000 m. c. Fr. 3.200.000.

Le prix d'achat et d'aménagement des terrains au fond de l'anse, peut être évalué sans grand écart à 18 fr. par mètre carré (1), soit pour les 80.000 mètres carrés en terre ferme, Fr. 1.440.000.

La dépense totale nécessaire à l'acquisition et à l'aménagement de l'emplacement proposé par M. Sylvestre, aurait donc été de 4.640.000 fr., soit, en tenant compte d'une somme à valoir d'une soixantaine de mille francs, de 4.700.000 fr. correspondant à un prix moyen du mètre carré de 11 fr. 75.

Nous allons maintenant procéder à l'examen des quelques emplacements pour l'abattoir et le marché soumis aujourd'hui à la commission spéciale des abattoirs.

Nous n'étonnerons personne en disant que les emplacements proposés sont divers et nombreux, mais nous ne nous arrêterons qu'à ceux que la commission, après un travail d'élimination consciencieux, a décidé d'étudier, et qui sont au nombre de trois, à savoir :

1° L'emplacement ou les emplacements longeant le boulevard Mirabeau, à Saint-André, présentés par M. Donadieu ou par M. Bellanger ;

2° L'emplacement proposé par M. Stapfer, comportant les terrains de la Cabucelle, de la Madrague, et la conquête d'une partie de l'anse de ce nom ;

3° L'emplacement proposé par M. Fournier, entre la ligne du chemin de fer de Marseille à Lyon et le ruisseau des Aygalades.

---

(1) Cette évaluation est fondée sur les données relatives aux emplacements proposés par M. Stapfer, ingénieur.

II

Emplacements longeant le boulevard Mirabeau.

<table><tr><td>Opinion de la commission mixte sur ces emplacements.</td><td>

Voici comment s'exprime au sujet de ces emplacements le rapport adopté par la commission mixte des abattoirs, que nous aurons souvent l'occasion de citer au cours de cette étude.

« Les terrains proposés au nord et au sud du boulevard Mirabeau forment un vaste rectangle d'une surface totale de cinquante-six hectares, traversé en croix, d'un côté par le boulevard et le vallat de Mirabeau, et de l'autre par la ligne de la Joliette à l'Estaque, ils sont limités à l'ouest par le rivage de la mer, au nord par un chemin à créer, à l'est par les chemins de Carry et de la Madrague, et enfin au sud par une pinède escarpée d'une cinquantaine de mètres de hauteur.

« Cet emplacement est bien exposé à tous les vents et suffisamment à l'abri de la fumée des usines, et la faible inclinaison qu'il présente à partir de la mer permettrait de l'aménager sans trop de dépenses, suivant les bases indiquées par la commission, en laissant, bien entendu, de côté la partie escarpée de la pinède et les hauteurs de l'est.

« Les communications seraient excellentes avec la ligne de l'Estaque qui présente un palier de station au milieu de ces terrains ; elles seraient assurées avec Marseille par les chemins du littoral, de la Madrague et la route nationale n° 8 par Saint-Louis ; mais la distance de 6,500 mètres séparant ces terrains

</td></tr></table>

du centre de la ville serait peut-être un peu considérable (elle n'est que de 2,800 mètres avec les abattoirs actuels). Quant aux relations avec la mer, qui
est la grande voie d'approvisionnement, elles seraient
beaucoup moins satisfaisantes, pour les raisons sui-
vantes :

« Les navires de bestiaux calent souvent de 6 à
7 mètres et ne peuvent sans de trop grands risques
être débarqués en dehors du port actuel. Tant que
celui-ci ne sera pas prolongé au nord, les arrivages
de bestiaux devraient donc se faire au plus près, au
môle de la Pinède et parcourir ensuite une distance
de 2,900 mètres en route de terre pour arriver aux
établissements du boulevard Mirabeau.

« Les inconvénients d'une pareille situation, avec
un mouvement annuel d'environ un million de bêtes,
sont assez graves, au double point de vue de la sécurité publique et des intérêts du commerce, pour qu'on
doive rechercher avec la plus grande attention le
moyen de les éviter : on y arriverait sans doute, en
ce qui concerne la sécurité des communications, en
établissant un chemin spécial pour le bétail entre ces
terrains et le port, mais cela n'atténuerait en rien la
gêne et les charges nouvelles que ces transports supplémentaires apporteraient au commerce maritime
du bétail.

« Cette situation ne pourrait être sérieusement
améliorée que par le prolongement du port actuel de
2 ou 3 kilomètres vers le nord, permettant alors
d'établir un môle de débarquement au droit du boulevard Mirabeau, mais la situation économique n'offre
malheureusement pas pour le moment d'aussi riantes
perspectives et, dans tous les cas, les établissements
projetés seraient alors entourés de constructions

nouvelles, les isolant du quai des arrivages dont ils seraient encore distants de 6 à 700 mètres.

« Ces emplacements ne présentent que peu de constructions, sauf dans l'angle nord-ouest du boulevard Mirabeau et du chemin de fer, où se trouve une usine très importante avec de nombreuses annexes.

« La question d'économie conduira peut-être à faire écarter ce dernier terrain : il resterait encore, déduction faite des escarpements de la Pinède et des hauteurs de l'est, une surface totale de 40 à 45 hectares, largement suffisante pour tous les besoins.

« En résumé, la Commission a constaté que ces terrains offrent un emplacement très salubre, d'une étendue suffisante pour tous les besoins, desservis par la voie ferrée et de nombreuses routes, peut-être un peu éloigné de la ville, mais insuffisamment relié au port ce qui paraît à la majorité un grave inconvénient pour un marché de transit. »

Nous avons peu de choses à ajouter à cet exposé, dont tout commentaire ne saurait atténuer l'inexorable portée. En assignant exclusivement le littoral au choix de l'emplacement cherché, l'administration municipale avait en vue d'assurer et de simplifier les communications de l'entrepôt avec la mer et de proscrire à jamais la circulation des bestiaux sur la voie publique. Or comment les emplacements de MM. Donadieu et Bellanger réalisent-ils ce programme ? Du lieu de leur débarquement au point d'arrivée dans l'établissement, les bestiaux auraient à parcourir 3 kilomètres sur la voie publique ! ! — Il est vrai que le Rapporteur de la commission mixte indique comme palliatif, soit le prolongement de la

<table>
<tr><td style="width:25%; vertical-align:top">

**Le prolongement
des ports nord
jusqu'à
l'emplacement
n'améliorerait pas
sensiblement
l'état des
communications
avec la mer.**

</td><td style="vertical-align:top">

jetée du large jusqu'au droit du boulevard Mirabeau, ce qui comporterait la bagatelle de dix millions, soit un chemin spécial parallèle à celui du littoral, dont la dépense sans atteindre le chiffre précédent serait néanmoins très élevée. Enfin, conclut M. de Noircarmes, en admettant que le débarquement des bestiaux pût, par un moyen ou par un autre, être effectué dans les parages du boulevard Mirabeau, leur passage direct du navire à l'entrepôt ne pouvait être obtenu ; il leur faudrait pour atteindre cet établissement franchir à pied et par des voies où la circulation serait sans doute active 6 ou 700 mètres.

On voit donc que le voisinage de la mer, qui aurait constitué pour le projet de M. Sylvestre (s'il avait été, d'autre part, exécutable), un avantage précieux, doit entrer dans les projets Donadieu et Bellanger pour un facteur nul.

</td></tr>
<tr><td style="vertical-align:top">

**Acquisition
et aménagement
des terrains
difficile à évaluer.**

</td><td style="vertical-align:top">

Le prix d'acquisition et d'aménagements des terrains qui composent ces emplacements est des plus difficiles à établir et, malgré nos recherches, nous n'avons pu obtenir, soit à la Mairie, soit auprès des auteurs de projets les éléments d'une évaluation quelconque. Le seul chiffre que nous ayons pu nous procurer est celui relatif aux déblais. Le mouvement des terres pour l'emplacement projeté par M. Donadieu comporte 881.000 mètres cubes de déblais. A 2 fr. 20 par mètre cube, prix adopté dans les évaluations de la Mairie, ce mouvement correspond à une dépense de fr. 1.938.200. Si l'on fait entrer en ligne de compte les autres éléments du devis, tels que les maçonneries des murs d'enceinte, les ouvra-

</td></tr>
</table>

ges d'art, les empierrements, l'égout collecteur, les voies de communication, et éventuellement les voies spéciales pour la circulation et l'accès des bestiaux, on arriverait à un total qui dépasserait, à coup sûr, la dépense afférente au projet Sylvestre ; mais nous le répétons, ces évaluations n'ont pas été faites, et on ne peut fonder dessus aucun jugement utile. Il y a là une lacune que nous signalons à la commission spéciale, et qu'il importerait de combler avant de formuler un avis.

Résumé. En résumé, les emplacements du boulevard Mirabeau, s'ils présentent toutes les garanties de salubrité désirables, comportent au point de vue des accès et communications avec la mer et l'intérieur, d'une part, et au point de vue de la dépense d'autre part, des difficultés, des inconvénients, et enfin un alea qui doivent le faire rejeter par le Conseil municipal.

III.

Emplacement proposé par **M. Stapfer**.

Description. Cet emplacement est compris entre la route nationale et l'anse de la Madrague, dont il emprunte une partie de la surface, et par ce fait, tient à la fois du projet de l'ancienne municipalité et de celui de M. Sylvestre

M. Stapfer place les abattoirs et le marché entre la route nationale, le chemin de la Madrague et l'embranchement de l'Estaque, et les parcs de triage entre cet embranchement et la mer, sur laquelle il se propose de conquérir une surface de 31.000 mètres carrés environ. Un port spécialement destiné aux bestiaux, serait établi dans l'anse de la Madrague, et un boulevard à créer ferait communiquer ce port avec la route nationale moyennant des rampes de $0^m 010$ par mètre environ. Le boulevard Bernabo ferait de même communiquer les quais projetés avec le marché. Les eaux blondes s'écouleraient par un égout collecteur suivant la pente générale de l'établissement. et aboutissant, en pleine mer, au-delà du Cap Janet.

L'emplacement réunit les conditions pour l'hygiène et les communications avec la ville et l'intérieur.

L'emplacement proposé par M. Stapfer répond bien à la plupart des conditions générales indiquées par la commission mixte extra-municipale. Il est, en effet, bien exposé à tous les vents ; les communications seraient amplement assurées avec Marseille et l'intérieur par la route nationale n° 8, par le chemin de la Madrague, et par celui du littoral. La distance actuelle, 2.000 mètres environ, n'est pas très considérable, et les voies de communication entre les deux points sont nombreuses et bien entretenues.

L'entrepôt pourrait sans trop de difficultés être raccordé par embranchement particulier avec le chemin de fer qui le traverse — bien que la ligne projetée de l'Estaque doive être, en cet endroit, en rampe de 0,010 par mètre — mais il serait possible à la compagnie du chemin de fer de modifier son profil de manière à ménager au point convenable un palier de 400 mètres environ.

Les communications avec la mer

Quant aux communications avec la mer , elles seraient suffisamment assurées par les quais du bas-

<table>
<tr><td style="vertical-align:top; width:25%; text-align:center">

ne seront
convenablement
assurées
que lorsqu'on aura
construit
un bassin spécial
dans l'anse
de la Madrague.

</td><td style="vertical-align:top">

sin national, le môle Pinède et le chemin du littoral que les bestiaux auraient à parcourir sur une longueur de 900 mètres environ. Ces communications ne seront d'ailleurs normales que lorsqu'on aura établi, dans l'anse de la Madrague, un port spécial, que M. Stapfer prévoit, dans son projet, comme un complément nécessaire.

Les conditions techniques d'exécution, malgré la configuration accidentée du terrain, ne présentent aucune difficulté spéciale. Mais la dépense serait relativement élevée : si l'on s'en rapporte à l'évaluation faite dans les bureaux de la Mairie.

</td></tr>
<tr><td style="vertical-align:top; text-align:center">

Evaluation
de la dépense
d'après la Mairie
6.600.000
prix moyen du
mètre carré 16,50.

</td><td style="vertical-align:top">

D'après cette évaluation, l'aménagement des terrains, y compris le comblement d'une surface de 31,000 mètres carrés dans l'anse de la Madrague, reviendrait à 2,896,000 francs, soit, en tenant compte d'une somme à valoir convenable, de Fr. 3,000,000.

D'autre part, d'après les indications fournies par l'auteur même du projet, l'acquisition des terrains en terre ferme (en tenant compte de l'aléa de l'expropriation pour une petite partie de la surface non acquise amiablement) serait de 2,963,850 francs, ci Fr. 3,000,000, et le coût total de l'emplacement acquis et aménagé pour y recevoir les édifices municipaux, serait de six millions.

Depuis que cette évaluation a été faite, l'auteur a porté sa surface de 32 à 40 hectares, sur l'invitation qui lui en a été faite par la commission spéciale des abattoirs. Nous pensons qu'on peut, sans erreur sensible, estimer à Fr. 600,000 l'augmentation de dépense provenant de cette augmentation de surface (étant donné que certains éléments de la dépense restent invariables), et le montant total de l'acqui-

</td></tr>
</table>

sition et de l'appropriation de la surface de 40 hectares, proposé par M. Stapfer, serait de 6,600,000 fr. correspondant à un prix moyen du mètre carré de 16 fr. 50. (1)

La dépense afférente à l'emplacement présenté par M. Stapfer serait donc considérable et dépasserait celle du comblement de l'anse de la Madrague proposé par M. Sylvestre de deux millions, c'est-à-dire de près de cinquante pour cent ; c'est là, sans contredit, un inconvénient grave, mais qui, malheureusement, n'est pas le seul, car si le projet d'emplacement de M. Stapfer ne peut se comparer avec celui de M. Sylvestre sous le rapport du prix, il s'en rapproche étrangement sur tous les points qui ont entraîné le rejet de ce dernier. M. Stapfer demande, en effet, à affecter à son projet une surface notable de l'anse de la Madrague pour y établir ses parcs de triage ; cette surface emprunte même la totalité de l'anse si on rattache à l'emplacement le projet de port spécial qu'il comporte, et qu'on ne pourra d'ailleurs exécuter qu'autant que la jetée du large aura été prolongée de cinq cents mètres environ.

Le projet comporte des difficultés du même ordre que celui de M. Sylvestre.

Dès lors les arguments d'ordre commercial et administratif victorieusement invoqués contre le

(1) M. Béchet, auteur du mémoire présenté au Conseil municipal, a évalué ce prix à 16 fr. 75. Au surplus, si les évaluations ci-dessus pouvaient donner prise à des redressements, ce serait dans un sens défavorable au projet. Ses devis ne prévoient en effet rien ni pour le raccordement de l'entrepôt avec le chemin de fer, ni pour la construction du port spécialement disposé et aménagé pour les bestiaux, dont une partie au moins de la dépense devrait être imputée à l'aménagement général de l'emplacement, ni enfin pour la construction de la voie spéciale devant relier l'établissement au cap Pinède.

projet Sylvestre par ses nombreux adversaires peuvent être réédités, avec non moins de succès, à l'encontre de celui de M. Stapfer, auxquels ils s'appliquent exactement, avec cette circonstance aggravante que ce qui n'était que conjecture au moment de la discussion au Conseil municipal du projet de comblement de l'anse de la Madrague est devenue depuis certitude absolue. On sait, en effet, ainsi que l'a annoncé le *Sémaphore* dans son numéro du 19 Janvier, que l'administration de la marine vient de refuser à la Compagnie P.-L.-M. l'autorisation de jeter dans une portion de l'anse les déblais provenant de la construction de la ligne de la Joliette à l'Estaque.

L'administration
de la marine
s'oppose au comble-
ment même
limité de l'anse
de la Madrague.

C'est donc là un point acquis qu'il est inutile de discuter désormais, le comblement d'une partie même limitée de la nappe d'eau qui constitue l'anse de la Madrague rencontre auprès des administrations de l'Etat une opposition absolue et sans appel, contre laquelle se heurteraient vainement les efforts de notre municipalité ; et tout projet comportant ce comblement à un degré quelconque est dores et déjà voué à un avortement certain.

Projet
d'appontement
pour l'accès des
bestiaux.

Les partisans du projet de M. Stapfer ont essayé de l'amender en le débarrassant du port spécial dont son auteur avait cru nécessaire de le pourvoir. D'après eux, on se contenterait d'établir entre l'entrepôt et les points de débarquement des navires transporteurs un appontement en bois servant à l'accès des bestiaux ; ceux-ci n'auraient donc en aucun cas à emprunter les quais, qu'il n'y aurait plus lieu de disposer, ni d'aménager d'une façon particulière.

Cet appontement, aboutissant d'une part au parc de triage, d'autre part à l'extrémité des môles projetés, aurait une longueur de 900 mètres sur une largeur de 10 à 12 mètres. Il y aurait tout d'abord, de ce chef, une dépense qui viendrait augmenter encore le coût total déjà si considérable du projet, mais que nous ne croyons pas utile d'évaluer. Le système proposé ne résisterait pas, en effet, à une pratique de quelques jours ; ce passage aérien résonnant d'inquiétante façon sous les pas multipliés de ses nombreux usagers, ne serait abordé et suivi par les principaux intéressés qu'avec une répugnance difficile, sinon impossible à vaincre, et il en résulterait de nombreux accidents d'animaux et même de personnes. Il paraît difficile d'admettre d'autre part, qu'on pourrait amener commodément et sans perte de temps ni d'argent sur le point précis et très limité en surface où aboutirait l'appontement, les navires transporteurs de bestiaux et chargés dans la plupart des cas de beaucoup d'autres marchandises.

Projet de M. Stapfer repoussé par la commission mixte. Le projet d'emplacement de M. Stapfer avait d'ailleurs été soumis à la commission mixte extra municipale et avait été écarté après une courte discussion. Nous ne croyons pas que le sort que lui réserve la commission spéciale des abattoirs qui en est actuellement saisie, et en fin de compte, le Conseil municipal, soit plus favorable.

IV.

Emplacement proposé par **M. Fournier**.

Description.

Cet emplacement comporte un certain nombre de propriétés rurales, situées sur le plateau du haut Canet ; il est limité au nord par la ligne de Marseille à Lyon, qu'il côtoie sur une longueur de 400 mètres entre les stations du Canet et de St-Joseph ; sa surface peu accidentée, presque plane, nécessitant peu ou point de mouvement de terres, est, au gré du vendeur plus ou moins extensible. — M. Fournier offrait, en effet, à la ville, au début de ses pourparlers, près de 60 hectares, c'est sur cette base que les premières évaluations d'acquisition et d'aménagement des terrains, reproduites par plusieurs journaux, avaient été calculées. Depuis sur l'invitation qui lui en a été faite par le commission actuelle des abattoirs, il a réduit la surface utilisable de son emplacement à 40 hectares, s'appuyant toujours à la ligne de Marseille à Lyon, et suivant la pente naturelle du sol de l'est à l'ouest, avec une déclivité générale vers la mer de 0^{m}028 par mètre, et des altitudes variant entre 45 et 25 mètres.

Avenue centrale de 12 m. de largeur servant uniquement aux bestiaux.

Le projet comprend une avenue d'accès d'une longueur de 1350 mètres sur 33 mètres de largeur, destinée à relier par le môle Pinède l'établissement à la mer. L'emprise de cette avenue sur les terrains à acquérir est de 41,000 mètres carrés.

Cette avenue d'accès se compose de trois voies parallèles ; l'une centrale de 12 mètres de largeur, est en contrebas des deux voies latérales, d'une hauteur de 2 mètres 50 et n'est destinée qu'aux bestiaux. Les deux voies latérales, de 10 mètres de largeur chacune, serviront aux piétons et au charroi. Par ce moyen, les bestiaux faisant le trajet entre l'établissement et les quais du port ne circuleront jamais sur les voies publiques.

La voie centrale partant du môle Pinède avec une rampe en remblai de 0^m04 par mètre sur 170 mètres, franchit par un pont le chemin du littoral, la ligne de la Joliette à l'Estaque, en cet endroit en tunnel, passe ensuite sous le chemin de la Madrague et la route nationale numéro 8, puis sur le ruisseau et le chemin des Aygalades et aboutit enfin aux emplacements proposés. Les voies latérales passent au niveau du chemin de la Madrague et de la route nationale, de manière à relier entre elles ces diverses voies de communication, ainsi que les quartiers qu'elles traversent et desservent.

Egout collecteur ayant une pente moyenne de 0 m. 015 par mètre et rejetant les résidus au-delà de la jetée du large.

Un égout collecteur, destiné à conduire à la mer les eaux blondes et les résidus de l'abattoir, est établi sous la voie centrale et aboutit au-delà de la jetée du large, après avoir suivi à niveau le môle Pinède et siphonné à travers la passe au moyen de conduites en fonte. La longueur est de 1.350 mètres de l'établissement au môle Pinède, et de 500 m, de ce point à son orifice de sortie, soit, au total, de 1850 mètres. L'altitude de la prise de cet appareil étant de 28 m. environ, sa pente moyenne dépasse 0 m. 015 par mètre et assure amplement, et en tous les temps, l'écoulement des résidus.

L'éloignement de la mer nécessite cet ensemble de travaux supplémentaires que les autres projets ne comportent que dans une mesure beaucoup plus restreinte ; il est donc nécessaire d'évaluer ces travaux aussi exactement que possible, afin d'établir entre les projets concurrents un parallèle exact. On trouvera plus loin les éléments de cette évaluation.

Il y a lieu, avant tout, d'examiner si l'emplacement proposé par M. Fournier satisfait aux conditions énumérées par la commission mixte, et adoptées par la commission actuelle, suivant le programme longuement développé dans le mémoire présenté au Conseil municipal par M. Bechet.

L'abattoir devant être édifié à la cote 40 sera exposé à tous les vents, et sa position topographique au nord des quartiers industriels les plus voisins lui assure une salubrité parfaite. Tout en étant établi en dehors des agglomérations de maisons, il n'est pas éloigné du quartier de l'abattoir actuel et des nombreuses industries qui en dépendent, circonstance particulièrement visée par la Chambre de commerce et la Société pour la défense, dans les divers rapports que ces assemblées, appelées à se placer à un point de vue plus particulièrement industriel et commercial, ont rédigés sur la question.

Les accès en sont nombreux et suffisants : du côté de l'intérieur, par la route nationale et les chemines des Aygalades et de Saint-Joseph, et du côté de la mer, par l'avenue spéciale.

Raccordement avec la ligne de Lyon gare spéciale de bestiaux de 20000 m. de superficie. — Le raccordement avec la voie ferrée est réalisé sur cet emplacement mieux que partout ailleurs. La ligne du chemin de fer qui le traverse étant en palier et rectiligne sur une grande longueur, il est possible d'établir, à peu de frais, sans aucun aménagement préalable à obtenir de la compagnie P.-L.-M. , non seulement un simple embranchement prévu par les autres projets, mais une véritable gare spéciale de bestiaux, avec voies de 400 mètres de longueur, cours et quais spacieux, où l'on pourra former simultanément plusieurs trains. La surface de cette gare où, suivant M. Bechet, on pourra charger 80 vagons à la fois, devra être de 20.000 mètres carrés environ. La ville, dans ses évaluations, parle d'une surface double, à notre avis, absolument inutile, et tout porte à croire qu'on s'en tiendra à cet égard aux indications si précises et si bien formulées du mémoire présenté par l'ancien membre de la commission mixte.

Le raccordement de l'emplacement avec la ligne du chemin de fer pourra être mis en fonctionnement dès le début des travaux, avantage précieux pour leur exécution rapide et économique.

Communications avec la mer. — Les communications avec la mer seront assurées par l'avenue spéciale composée, comme nous l'avons dit plus haut, de trois voies parallèles, l'une centrale et en contrebas de 2 m. 50 pour les bestiaux, les deux autres latérales et destinées aux piétons et aux voitures. La longueur totale de l'avenue serait de 1,350 m. — Aussitôt après leur débarquement, et sans faire, comme aujourd'hui, un temps d'arrêt plus ou moins long sur les quais, les bestiaux seront acheminés à l'établissement par la voie centrale ; les quais et les voies publiques qui en dépendent ne seront donc jamais encombrés, et les animaux eux-mêmes, que de longues haltes à rangs serrés, après l'immobilité prolongée de la traversée, éprouveraient encore, trouveront leur compte à cette manière de procéder.

Dans son mémoire au Conseil municipal, M. Béchet, ancien membre de la commission mixte, insiste beaucoup sur cette dernière considération. En sa qualité d'importateur de bestiaux, il a un intérêt majeur à ce que les animaux à leur arrivée à l'entrepôt soient dans le meilleur état possible, et son opinion, en cette matière a une incontestable autorité.

La distance de l'emplacement à la mer, plus grande dans le projet Fournier que dans ceux de ses concurrents, n'est donc pas une objection importante, et les avantages que présente au premier abord le voisinage de la mer, et qui consistent à peu près uniquement dans la possibilité de faire passer directement le bétail du pont du navire à l'entrepôt, sans occuper la voie publique, ne sont pas réalisables dans la pratique, ainsi que l'affirment et le démontrent les rapports de la Chambre de Commerce (3 mars 1885), de la Société pour la Défense (23 février 1885) et le mémoire de M. Béchet.

Evaluation de la dépense d'après la Mairie 4.300.000. Prix moyen du mètre carré 10 f. 75.

Le plateau sur lequel les établissements seront construits étant sensiblement de niveau, l'aménagement des terrains, y compris le remblai de la gare sera peu coûteux, mais la construction de l'avenue reliant l'emplacement à la mer, comporte des travaux importants, dont il faut en bonne règle imputer la dépense à l'établissement lui-même.

Il y a toutefois lieu de remarquer en passant que cette avenue dessert des quartiers entièrement dépourvus de voies de communication, que, depuis plus de vingt ans, on projette de relier, et que les deux tiers de sa surface sont affectés non à l'accès des bestiaux mais à la circulation du public.

Une première évaluation de l'acquisition et de l'aménagement des terrains proposés par M. Fournier, a été faite à la Mairie et présente un montant total de 5,600,000 fr. soit 9 fr. 47 par mètre carré, cette évaluation s'appliquant à une surface utilisable de 59 hectares.

La surface demandée par la nouvelle commission spéciale des abattoirs est de 40 hectares, le montant de l'acquisition et de l'aménagement de l'emplacement Fournier réduit à cette surface doit être, d'après les bases adoptées à la Mairie de 4,300,000 francs se décomposant ainsi :

Acquisition de l'emplacement........ P.	1.748.000
— du sol des avenues.......	512.000
Aménagement de l'emplacement.....	722.000
Construction des avenues et de l'égoût.	1.197.000
Somme à valoir...................	120.100
	4.300.000(1)

(1) Les dépenses d'aménagement et de construction doivent être détaillées ainsi :

EMPLACEMENT

Fouilles et transports.................. Fr.	616.000
Maçonnerie	78.000
Ouvrages d'art.........................	28.000
	722.000

AVENUES

Fouilles et transports................. Fr.	213,400
Remblais à emprunter...................	60.000
Maçonnerie	364.000
Ouvrages d'art.........................	164.000
Empierrements	129.000
Egout	267.500
	1.197.900

Le prix moyen d'acquisition et d'aménagement du projet d'emplacement de M. Fournier revient donc à 10 fr. 75 par mètre carré.

Le coût du projet Fournier serait donc inférieur de 400,000 fr. à celui du projet Sylvestre et de 2,300,000 fr. à celui du projet Stapfer ! La dépense afférente au projet Donadieu n'a pas été évaluée, mais on peut prétendre hardiment qu'elle serait notablement supérieure à 4,300,000 fr.

L'emplacement Fournier comporte la dépense la moins élevée.

De tous les emplacements présentés, celui de M. Fournier comporte donc la dépense de beaucoup la moins élevée.

V.

CONCLUSION

Nous avons passé en revue les divers emplacements proposés à la ville pour y construire ses abattoirs et établissements annexes, et nous les avons examinés au triple point de vue de la salubrité, des accès et communications avec l'intérieur, la ville et la mer, et enfin de la dépense.

Aux points de vue de la salubrité et des communications avec la ville et l'intérieur les emplacements présentent des avantages sensiblement équivalents.

Nous avons vu que les conditions de salubrité sont suffisamment assurées dans chaque emplacement. Ils sont tous également découverts, leur altitude moyenne est de 30 à 40 mètres, et ils comportent une déclivité générale, vers la mer, variant suivant les projets de 0^m02 à 0^m115 par mètre.

Les communications avec la ville sont assurées pour tous les projets, bien que l'éloignement des terrains longeant le boulevard Mirabeau mettent ceux-ci, à ce point de vue, en état d'infériorité à l'égard des autres.

Sous le rapport des relations avec l'intérieur, les divers emplacements réalisent les conditions requises.

Celui de M. Fournier présente toutefois sur les autres l'avantage de se relier à une ligne existante et mieux appropriée que toute autre aux installations de voies et de quais que comporte une gare importante de bestiaux.

Mais c'est par leurs modes de communications avec la mer, et par les dépenses qu'ils nécessitent que diffèrent surtout les projets que nous avons examinés. C'est donc sur ces deux points qu'il importe de les mettre en parallèle.

Communications avec la mer. Dès la reprise de l'examen des projets d'abattoir et de marché par la municipalité actuelle, la question des communications avec la mer a paru devoir primer toutes les autres conditions requises pour ce genre d'établissements, bien qu'il n'en eût pas été ainsi dans le cours des longues études auxquelles ces projets avaient antérieurement donné lieu. On doit peut-être chercher l'explication de ce fait dans le désir qu'avait l'administration municipale de faire adopter le projet de comblement de l'anse de la Madrague, qui, au point de vue des communications avec la mer, présentait sur tous les autres emplacements une grande et incontestable supériorité. Mais le projet Sylvestre écarté, il est facile de démontrer que sous le rapport spécial que nous examinons, les emplacements proposés ne présentent que des différences du plus au moins qui n'assignent à aucun d'eux une supériorite marquée sur les autres.

Voici, en effet, les distances que les bestiaux auraient à parcourir, du quai de débarquement à l'entrepôt, dans l'hypothése de l'adoption de l'un des emplacements ci-aprés :

Emplacement Stapfer . . . .   800^m
Emplacement Fournier. . . . . ,. .   1.300
Emplacement Donadieu ou Bellanger. .   2.900

Aucun emplacement ne comporte le passage direct du navire à l'entrepôt.

Il est clair que si l'un des projets comportait le passage direct des bestiaux du navire transporteur à l'entrepôt (c'était le cas du projet Sylvestre), il serait préférable aux autres, sous le rapport des communications avec la mer ; mais du moment que les bestiaux auront à faire, par terre un trajet quelconque, peu importe que ce trajet soit de quelques cents mètres plus long ou plus court.

Le prolongement des ports nord n'améliorera pas l'état des communications avec la mer des projets Stapfer ou Donadieu.

D'autre part, il est facile d'établir que, quoi qu'on en dise, le prolongement des ports nord, n'apporterait aucune amélioration à l'état des communications avec la mer des emplacements de MM. Stapfer ou Donadieu ; ainsi que le fait remarquer fort judicieusement le rapport présenté à la commission mixte des abattoirs par son secrétaire, M. l'ingénieur de Noircarme, les surfaces considérables comprises entre les quais et les entrepôts des édifices municipaux seront occupées par des constructions et établissements maritimes de toutes espéces qui rendront le passage du bétail long, difficile et dangereux.

Au surplus, on nous paraît se préoccuper plus que de raison de la condition expresse de ménager aux bestiaux débarqués un trajet strictement minimum ; c'est tout au moins l'opinion qu'exprimait la Chambre de Commerce, dans le rapport adopté par elle au sujet des projets municipaux, le 3 mars 1885 ; nous y lisons en effet le passage suivant :

Le passage direct du navire à l'entrepôt n'est pas réalisable dans la pratique.

« La commission mixte estime encore que le terrain compris dans l'anse de la Madrague présenterait cet avantage, que le bétail pourrait passer directement du navire transporteur à l'entrepôt.

« Le bétail peut plus facilement que toute marchandise quelconque être transporté économiquement du navire à l'entrepôt, et il ne faut pas perdre de vue, que, fit-on à côté du marché un bassin spécialement destiné au débarquement des bestiaux, il serait très difficile que ce bassin fût bien utilisé. En effet, les vapeurs qui portent du bétail, transportent en même temps des marchandises diverses et, à moins de consentir à payer pour les bestiaux un surcroît de fret, on ne pourra obtenir des armateurs de faire accoster leurs vapeurs dans un bassin spécial pour n'y débarquer que les bestiaux ; ce débarquement fait, les mêmes vapeurs devant aller dans un autre bassin pour y déposer le reste de leur chargement. Nous estimons donc que, tout en désirant que le bétail puisse être débarqué sur le point de nos quais le plus rapproché possible de l'Abattoir, il n'y a pas lieu de subordonner le choix de l'emplacement de l'Abattoir, du Marché et des Entrepôts au désir de faire passer directement le bétail du navire transporteur à l'entrepôt. »

Ce qui, au point de vue qui nous occupe, paraît le plus important et dominer toute autre considération, c'est que l'accès des bestiaux à l'entrepôt, provenant de la mer, de l'intérieur ou de tout autre point, soit rendu, avant tout, entièrement sûr et à l'abri de tout accident, et qu'en aucun moment les quais ne soient encombrés, ni les voies publiques occupés par eux. Cette condition essentielle, le projet de M. Fournier la réalise entièrement, et il la réalise seul, à l'exclusion de tous les projets concurrents.

Dépenses des divers projets d'emplacements. Il nous reste à comparer les emplacements proposés, au point de vue de la dépense ;

Cet examen est délicat et difficile, car il n'a été fait à la Mairie, et bien incomplètement, que pour deux projets, ceux de M. Stapfer et de M. Fournier.

Quoi qu'il en soit, on peut conclure de l'ensemble de cette étude, en se rapportant aux évaluations de la Mairie, que les projets peuvent être classés comme ci-après, dans l'ordre des montants, des dépenses, que comporte chacun d'eux.

1° Fournier et Sylvestre, coût : 4.000.000 à 4.500.000 fr, ;
2° Donadieu ou Bellanger, coût : 5.500.000 à 6.000.000 ;
3° Stapfer, coût : 6.600.000.

Nous n'ignorons pas que certains auteurs de projets et notamment M. Stapfer ont protesté contre les évaluations de la Mairie et ont produit des devis, naturellement tout à l'avantage de leur œuvre — une nouvelle variation sur le thème connu : « Prenez mon ours » — Mais il saute aux yeux de tout juge impartial que lesdites évaluations, pour servir de base à une comparaison quelconque, doivent être établies au moyen d'éléments semblables, de séries de prix identiques.

<table>
<tr><td style="width:20%; vertical-align:top">

**On ne peut com-
parer
les divers projets
entre eux
qu'en prenant une
base unique
de comparaison.**

**Le coût
de l'emplacement
Fournier, sensi-
blement équivalent
à celui
du projet Sylvestre
est de 65 %
inférieur au coût
du l'emplacement
Stapfer.**

</td><td style="vertical-align:top">

Partant de là, on peut contester peut-être les totaux accusés par le service de l'architecte municipal, mais ce qu'en bonne équité on ne peut répudier, c'est que la proportion des prix de revient du mètre carré pour tel et tel projet, établi par ce fonctionnaire public, doit être tenue pour sincère et véritable.

Si donc on peut discuter et contester les prix de revient du mètre carré pour les emplacements Stapfer et Fournier, arrêtés d'après les calculs détaillés précédemment à 10 fr. 75 pour l'un et 16 fr. 50 pour l'autre, ce que nul ne peut nier c'est que les dépenses afférentes à ces deux projets soient dans le rapport de $\frac{16\ 50}{10\ 75}$ et que le prix d'aménagement et de l'acquisition de l'emplacement Stapfer, dépasse celui de l'emplacement Fournier de plus de 65 0/0

Il nous paraît donc indiscutable que si le projet de comblement de l'anse de la Madrague doit être malheureusement écarté, c'est à l'emplacement présenté par M. Fournier, que dans l'intérêt de la ville, du commerce des bestiaux et du consommateur, notre Conseil municipal a le devoir de donner la préférence.

</td></tr>
</table>

TABLE DES MATIÈRES.

Pages

I. Coup-d'œil rétrospectif. — Pourquoi le projet Sylvestre a été repoussé. — Avantages du projet Sylvestre. — Dépense afférente au projet Sylvestre : 4.700.000 fr., prix moyen du mètre carré : 11 fr. 75........ 3

II. Emplacements longeant le boulevard Mirabeau. — Opinion de la Commission mixte sur ces emplacements. — Trajet que les bestiaux auraient à effectuer sur la voie publique : 3 kilomètres. — Le prolongement des ports Nord n'améliorerait pas sensiblement l'état des communications avec la mer. — Acquisition et aménagement des terrains difficile à obtenir. — Résumé.................... 8

III. Emplacement proposé par M. Stapfer. — Description : L'emplacement remplit les conditions pour l'hygiène et les communications avec la ville et l'intérieur ; les communications avec la mer ne seront convenablement assurées que lorsqu'on aura construit un bassin spécial dans l'anse de la Madrague. — Evaluation de la dépense d'après la Mairie : 6.600.000 fr., prix moyen du mètre carré : 16 fr. 50. — Le projet comporte des difficultés de même ordre que celui de M. Sylvestre. — L'administration de la marine s'oppose au comblement, même limité, de l'anse de la Madrague. — Projet d'appontement pour les bestiaux. — Projet de M. Stapfer repoussé par la Commission mixte. 12

Emplacement proposé par M. Fournier. — Description. — Avenue centrale de 12 mètres de largeur servant uniquement aux bestiaux. — Egout collecteur ayant une pente moyenne de 0.015 par mètre et rejetant les résidus au-delà de la grande jetée du large. — Raccordement avec la ligne de Lyon. — Gare spéciale de bestiaux de 20,000 mètres de superficie. — Communications avec la mer. — Evaluation de la dépense d'après la Mairie : 4.300.000 fr. — Prix moyen du mètre carré : 10 fr. 75, — L'emplacement Fournier comporte la dépense la moins élevée........... 18

V. Conclusion. — Aux points de vue de la salubrité et des communications avec la Ville et l'intérieur, les emplacements présentent des avantages sensiblement équivalents. — Communications avec la mer : Aucun emplacement ne comporte le passage direct du navire à l'entrepôt. — Le prolongement des ports Nord n'améliorera pas l'état des communications avec la mer des projets Stapfer et Donadieu. — Le passage direct du navire à l'entrepôt n'est pas réalisable dans la pratique. — Dépenses des divers projets. — On ne peut comparer les divers projets entre eux qu'en prenant une base unique de comparaison. — Le coût de l'emplacement Fournier, sensiblement équivalent à celui du projet Sylvestre, est de 65 0/0 inférieur au coût de l'emplacement Stapfer. 24